大自然的美学

生境的色彩

[捷]亚娜·塞德拉科娃 斯捷潘卡·塞卡尼诺娃 著

[捷]玛格达莱娜·科内奇纳 绘 胡运彪 译

河北科学技术出版社

·石家庄·

目　录

导言

　　说到探索世界，有谁不想去呢？这个世界上有太多值得我们去探索的地方了！有些地方非常容易探索，我们只需要穿着平时的衣服就可以；而有些地方可能有点难度，我们需要穿上雨衣或者保暖的厚外套。世界上有些地方寒冷，而有些地方炎热，有些地方经常下雨，而有些地方常年干旱，不一样的气候给环境披上了不同颜色的"外套"，从而为地球上的生物提供了截然不同的生态环境。你了解过这些生境吗？

在遥远的南极、北极圈里，气候异常寒冷，大地都被一望无际的冰雪覆盖着；与此同时，赤道附近温暖的海洋里，在轻轻摆动的海浪下面，五彩斑斓的鱼儿正在珊瑚间游弋；在炎热干旱的沙漠里，金合欢和仙人掌正在经历烈日的炙烤，它们都在默默地为明天或者更远的未来储蓄水分；而在潮湿的热带雨林中，却从来不会有缺水的危机；大草原上，当雨季来临时，大地将铺上五颜六色的地毯。为了更好地了解和欣赏这些美丽的景色，我们根据景色所处的生境给它们的颜色起了不同的名字：冰川白、森林绿、稀树草原米黄色、深海蓝，还有沼泽棕，那是沼泽在太阳的照射下显现出的独特颜色！还在等什么，快快翻阅本书，去欣赏这些自然界的奇妙色彩吧！

比极蓝

深海蓝

冰川蓝

雪白

比极熊白

滨草绿

雪鹱

比极燕鸥

冰山

座头鲸

雪雁

蓝鲸

巨型乌贼

独角鲸

虎鲸

麝牛

驯鹿

熊果

发草

成熟果

北极漆姑草

2

酷蓝

墨蓝

梦幻蓝

千白白

北极白

蓝鲸色

雪鸮

漂泊信天翁

戴氏盘羊

北极黄鼠

崖海鸦

海狮

极地地区

刺啦，刺啦！寒风夹杂着冰、雪不停地划过冰面，不断地刺向穿着黑白外套的企鹅。呼呼，呼呼，在狂风的怒吼中，雪白的北极熊正在咆哮，咆哮声随着浮冰在海上飘向远方。这样的场景日复一日地在极地冰雪世界里上演着……

长白山罂粟

北极熊

纹颊企鹅

雷鸟

帝企鹅

浮冰

海象

北极狐

象海豹

斑海豹

浣熊灰

冰川灰

越橘色

鹤橙色

常绿植物

北方森林绿

欧洲落叶松

雪羊

乌林鸮

狼

欧洲赤松

矮赤松

毛果冷杉

野牦牛

欧洲云杉

灰鹤

河狸

蕨类

陀鹿

白斑吻鲈

鹊鸭

棕熊

北美水獭

越橘

鳟鱼

七鳃鳗

松绿

翡翠绿

苍狼灰

河狸棕

纯白

冷水白

金雕

盘羊

绿宝石

翡翠

软玉

豆雁

泰加林

嘿，快听！泰加林在呼唤！棕熊低沉地咆哮着，地上的软玉在寒冷中讲述着森林的故事。崎岖不平的岩石上，北山羊在嬉戏，狼群们则在仰天嚎叫："泰加林，北方的寒冷美丽大地——我们会永远臣服在你的脚下！"

垂枝桦

北美冷杉

黑穗苔草

东北虎

加苯杜香

浣熊

黄鼬

普通束带蛇

苦苣菜

高山早熟禾

菊石

毛丝鼠

白发藓

5

5

泥炭棕

泥褐色

沼泽棕

褐绿色

雨石楠花色

灰棕色

桤木

白尾鹞

山赤松

夜鹰

林间荆

仙女越橘

灰鹤

天蓝麦氏草

蟾蜍

穗䳭

沼茎兰

泥炭藓

刺豆

水芋

君景天

沼泽铁

扇尾沙锥

东北色

6

铁矿石色

橘棕色

泽黄色

尹苇色

雾蓝色

深潭蓝

帝王伟蜓

半灰蝶

豹蛱蝶

石蕊

泥炭沼泽

灰鹤飞过湿地，给杨树带来一首水边的歌谣，那片毛地黄花丛如同水波一样泛起涟漪，而蟾蜍正在不停地向灌木丛送上自己的祝福。夕阳西下，大地慢慢地在河流的怀抱中酣然入梦。

东方羊胡子草

荇菜

泥炭水

颤犭蛛

帚石楠

水毛茛

毛地黄

母树塔

尹苇

毛茛草

苔藓绿

叶绿色

深棕色

森林绿

林中绿

深树棕色

松针毒蛾

烟水晶

橡子

橡树

燕隼

青山雀

野猪

细扁食蚜蝇

马鹿

黑啄木鸟

无茎勿忘草

熊葱

欧银莲花

铃兰

木蹄层孔菌

酢浆草

两柄牛肝菌

红褐林蚁

欧洲鳞毛蕨

花楸

猫耳细辛

草莓

8

金菇色

树皮棕

栗棕色

棕红色

橡子棕

蜂蜜棕

欧亚红松鼠

鹅耳枥叶子

挪威枫

松鸦

蜂巢

山毛榉

雕鸮

绿啄木鸟

落叶阔叶林

注意啦！注意啦！冬天来啦！松鸦惊慌地尖叫着。寂静的森林里，溪水和泉水在潺潺流淌。鹿一边嚼着酢浆草，一边四处张望。今天真是幸运，难得听到狐狸的演讲。不过，蚂蚁听不到，它们将储藏室里装满了蓝莓。嘘！安静地听，森林里还有树叶在沙沙作响，蔓越莓在轻轻叹息。

山毛榉果

红棕天牛

七叶重楼

银杏

刺猬

蜜环菌

欧洲七叶树的叶子

金发藓

法国大蜗牛

撒旦牛肝菌

赤狐

果子

毒蝇鹅膏菌

9

睡莲白　　　　鱼塘蓝　　　　翠鸟蓝

青灰色　　　　水蓝　　　　绿头鸭绿

红线蛱蝶

柳紫闪蛱蝶

黑杨

加拿大黑雁

欧亚萍蓬草

疣鼻天鹅

卵蹄草

白柳

白鹳

丝尺蟥

黄花苕

麝鼠

青蛙

火蝾螈

鸭嘴蛤

狗鱼

绿头鸭

河黄鲈

水鼠

小体鲟

眼子

鲤鱼

10

柳萌芽

扬树绿

青蛙绿

香蒲棕

柳树绿

白屈菜黄

怪拖色螈

树燕

金眶鸻

湖泊

喂，垂柳！你在湖边看什么呢？是在看黄色的河鲈，还是肥美的鲤鱼？是在寻找河蚌的身影，还是只是观察湖底的沙子？聪明的垂柳默不作声，依旧在低着头观察着。长得矮又远离湖岸的鸢尾花，怎么能体会到垂柳的快乐呢？

大蓝鹭

鸢尾花

飞扬草

毛茛

雪片莲

欧螈

北欧螯虾

普通翠鸟

凤头䴙䴘

香蒲

睡莲

锦龟

芦苇

11

春雾白

矢车菊蓝

浅玫瑰色

花瓣粉

浅薄荷色

青叶绿

萤火虫

歌鸫

欧梣

斑鹟

七星瓢虫

十字园蛛

凤蝶毛毛虫

六星灯蛾

欧洲熊蜂

黄貂蛱蝶

觅梦绢蝶

犬蔷薇

云雀

欧洲女贞

大蚕蛾

黄花九

黑麦草

风铃草

节毛飞廉

菊苣

蒲公英

贯叶连翘

滨菊

12

花蜜黄

蒲公英黄

水仙黄

熊蜂黄

虞美人红

啡棕色

孔雀蛱蝶

普蓝眼灰蝶

红襟粉蝶

凤蝶

荨麻蛱蝶

泽西虎蛾

帕眼蝶

草甸

在被虞美人染红的草甸上，孔雀蛱蝶点燃了滨菊的心。菊苣忘不了野蔷薇，对着她唱起情歌。夏天是螽斯、鹡鸰、蜜蜂和萤火虫的季节。倔强的七星瓢虫向命运发出挑战："嘿，小鸟，我们才是所向披靡的战斗机！"

薄荷

红花车轴草

意大利黄蜂

鸭茅

黄水仙

虞美人

草兔

绿螽斯

无茎刺苞菊

狗尾巴草

异株荨麻

矢车菊

卧鼹鼠

扁桃白

橄榄绿

橄榄棕

薰衣草色

葡萄色

夹竹桃色

扁桃

西班牙桂皮栎

柠檬树

月桂

海盐

刺柏

红嘴鸥

欧洲鸟尾蛤

海花草

大火烈鸟

藤壶

卷羽鹈鹕

瓶鼻海豚

地中海隐螯寄居蟹

欧洲乌贼

沙丁鱼

帽贝

蝙蝠鲼

撒海星

寄居蟹

尖尾鲭鲨

绿海龟

14

橘黄

柠檬黄

桉树绿

沙漠黄

海豚灰

珊瑚蓝

橄榄

橄榄树

柏树

夹竹桃

薰衣草

葡萄

地中海

香橙把耳朵贴近橄榄的嘴边。炎热的日子里，躺在沙滩上，晒着日光浴，幻想着薰衣草的紫色魔力。吱，吱，吱，唧，唧，唧，蟋蟀和蝉正在比谁叫得最好。谁能告诉我，它们谁获胜了吗？

橘子树

牛至

迷迭香

雪松

蝉

无花果

地中海蝾螈

野山羊

桉树

双斑蟋蟀

鼠尾草

中亚苦蒿

15

牡蛎壳色

海龟绿

海藻蓝

近海蓝

加勒比海蓝

大洋蓝

石灰岩

蓝灰扁尾海蛇

纳氏鹞鲼

颌针鱼

海草

刚毛藻

磷虾

眼斑双锯鱼

海葵

珊瑚藻

笙珊瑚

黄镊口鱼

海湾扇贝

枝叶海龙

软树珊瑚

蓝珊瑚

火珊瑚

鹿角珊瑚

梳状珊瑚

裸犁裸胸鳝

长吻海马

心斑刺尾鱼

细海盘车
（海星）

脑珊瑚

海笔

大砗磲

鹦鹉螺

16

亮紫色

珊瑚红

海军蓝

海星色

氖橘色

亮黄色

鼬鲨

横带刺尾鱼

角镰鱼

金色小叶齿鲷

宽纵带裂唇鱼

蓝绿光鳃鱼

水母

软珊瑚

蕨菜

珊瑚礁

嘘，听！永恒的海洋之心正在低语，温柔的水母正在翩翩起舞。小心，有狮子鱼！可不要碰到它们背后的毒棘！继续下潜，在黑暗的海底沙床上，孤独的贝壳和海龟静静地休息。嘘，安静！海浪正在抚慰它们悲伤的心……

玳瑁

红狮子鱼

六斑刺鲀

气泡珊瑚

海门冬

牡蛎

管笔珊瑚

菌珊瑚

花椰菜珊瑚

海参

章鱼

阳光黄

白牧米色

撒哈拉沙漠黄

棕榈绿

老叶绿

仙人掌色

黄金

翠榴石

沙丘

柽柳

骆驼刺

沙猫

管花肉苁蓉

滨刺麦

双峰驼

九带犰狳

耳廓狐

狐獴

田旋花

野西瓜

红袋鼠

风滚草

白牧丘

印度冠豪猪

白牧

18

铜色

暖沙色

沙黄色

暗棕色

沙漠永

尘灰色

猴面包树

小鸮

非洲白背秃鹫

海枣

海枣树

沙漠

太阳炙烤着金色的沙漠，空气异常干热。在猴面包树的顶部，兀鹫眺望着远方，寻找着雨的气息，一天天地数着日子……温暖的微风里，风滚草翻滚着，在一望无际的炎热大地上四处流浪。

旋角羚

单峰驼

巨人柱

裂果仙人掌

鬃狮蜥

纸莎草

金虎仙人球

沙漠眼镜蛇

沙漠地鼠龟

以色列金蝎

老石莲花

蟋蟀

农林沙鼠

埃及跳鼠

鳞叶卷柏

芦竹草

稀树草原米色

稀树草原绿

金合欢绿

卡其色

鳄鱼绿

灌木绿

阿拉伯胶树

绿猴

狞猫

海氏瞪羚

猎豹

极乐鸟

新几内亚

三芒稷草

大象

草原斑马

斑鬣狗

驼鸟

黑犀

森林眼镜蛇

狮子

钻石原石

大象灰　狮子棕　金色

驼羽白　羚羊褐　晚霞金

胸帘佛法僧　按叶藤　七彩文鸟　黄喙蜂虎

吼海雕

合欢树

长颈鹿

稀树草原

嘶，嘶，蛇正在高高的草丛里爬行，眼镜蛇女王盘坐在草原之王狮子的旁边。噢呜！狮子的吼叫声响彻了整个草原，吓得鸟儿消失在云彩里。小绿猴安稳地待在金合欢树上，肆无忌惮的嘲笑草原上的一切事物。

鼠尾粟

河马

灰冕鹤

耳廓狐

圣鹮

非洲水牛

白鼠尾草

尼罗鳄

狮耳花

棒头草

山林绿

桔红色

美洲豹

暖黑色

鲜黄色

牛油果绿

香蕉绿

牛特兰

金刚鹦鹉

凤尾绿咬鹃

咖啡树

竹子

鹤望兰

王莲

绿松石

小丑箭毒蛙

菠萝

空气凤梨

巨魔芋

黑凯门鳄

马蹄莲

绿鬣蜥

捕鸟蛛

绿森蚺

钻蓝箭毒蛙

22

灰鹊绿

毒药绿

宝石蓝

绿松石色

亮粉

猩红色

紫蓝金刚鹦鹉

辉紫耳蜂鸟

三趾树懒

椰子树

蝰蛇兰

猪笼草

大蓝闪蝶

绞杀榕

君王斑蝶

番石榴

美洲豹

热带雨林

看这五彩斑斓的雨林！仿佛彩色的喷泉曾在这里肆意地喷洒过。鹦鹉正在炫耀着它们多彩的羽毛，而巨嘴鸟正在敲击着椰子。让我们和无尽的藤本植物好好玩耍一下吧。玩累了，还可以在树荫下喝上一杯芒果汁，真是惬意。快点来吧，丛林盛宴就要开始啦！

香蕉树

巨嘴鸟

大王花

红眼树蛙

龟背竹

牛油果

蝎尾蕉

西番莲

捕蝇草

石墨黑　石灰白　钟乳石白　雪白　火蛾灰　蟾蜍绿

橄榄石
双齿无尺蛾
鳞甲蕨
美洲黑熊
石吸管
穴蛛
山铁菊头蝠
斑点尾蝾螈
强尾虫
水问荆
冷水花
大耳蝠
加拿大臭鼬
穴居蜘蛛
乌巢蕨
萤石
文石
山蝠
透石膏
蚰蜒
鳞石英
鼠妇
红腹伊澳蛇
赤肤矿
石膏
玉髓

24

鳞光绿

荧光虫绿

芙蓉石色

棕粉

岩灰色

深灰

钟乳石

萤火虫

刺翅夜蛾

穴崖燕

石灰岩柱

发光菌

洞穴

在巨大的溶洞里，每一块钟乳石都开始于一滴载有矿物质的水滴，并经过上百年的成长。蝙蝠在这些千姿百态的石头间做着千奇百怪的梦。洞螈虽然看不见，却能感受到快乐的回声在洞中回荡。珍珠蚌在沉闷的空气中孕育稀有的珍宝，而在潮湿的洞穴底部，蝾螈王子正在蓝色的湖水里耐心地等待着它的公主，日复一日，年复一年……

斑纹钝口螈

珍珠蚌

魔鳉

翡翠

黄铜矿

蓝铜矿

洞螈

云石蝾螈幼体

卡罗来杜夫鱼

石笋

蔷薇石英

石英

福氏蟾蜍

云石蝾螈

色彩的和谐搭配

我们可以向大自然学习如何搭配和谐的颜色。我们借助色轮这个有用的工具，就可以很容易地找出哪些颜色相配，哪些不相配。当颜色搭配恰当时，会呈现出非常悦目的效果，也就是色彩和谐。色彩和谐可以通过三原色来实现：蓝色、黄色和红色。

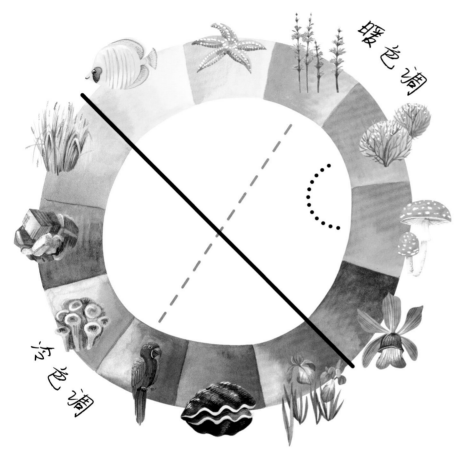

当你选定颜色后，可以在色轮上向对面画一条线，对应的颜色即最佳匹配色。我们也可以把这两种颜色称作互补色。

根据人们的心理感受，我们把颜色分为暖色调（从黄色到紫红色）和冷色调（从紫色到黄绿色）。搭配同一色调中的颜色是一个不错的选择。

当然，你也可以选择相邻的颜色进行搭配。

不显眼的棕色、奶油色、白色、灰色以及石板色则更加柔和且朴实，它们的色调适合与其他任何颜色作搭配。

最后，我们再来看一下大自然中一些简单的颜色搭配。你可以试着做一些相同或类似的颜色组合，发挥你自己的想象力，创造出更多更漂亮的搭配！

秋叶的颜色

野果的颜色

草的颜色

冰的颜色

海的颜色

太阳的颜色

鹅卵石的颜色

沙子的颜色

The original title: Colours of Habitats
© Designed by B4U Publishing, 2020
member of Albatros Media Group (www.albatrosmedia.eu)
Author: Jana Sedláčková, Štěpánka Sekaninová
Illustrator: Magdalena Konečná
All rights reserved.
Simplified Chinese translation Copyright © KidsFun International Co., Ltd, 2023
Chinese Translation rights arrangement with CA-LINK International LLC

版权登记号：03-2022-033

图书在版编目（ＣＩＰ）数据

　　大自然的美学 . 生境的色彩 /（捷克）亚娜·赛德拉
科娃 ,（捷克）斯捷潘卡·塞卡尼诺娃著 ;（捷克）玛格
达莱娜·科内奇纳绘 ; 胡运彪译 . -- 石家庄 : 河北科
学技术出版社 , 2023.6
　　书名原文 : Colours of Habitats
　　ISBN 978-7-5717-1437-6

　　Ⅰ . ①大… Ⅱ . ①亚… ②斯… ③玛… ④胡… Ⅲ .
①自然科学－少儿读物 Ⅳ . ① N49

　　中国国家版本馆 CIP 数据核字 (2023) 第 011715 号

大自然的美学
DAZIRAN DEMEIXUE

[捷] 亚娜·赛德拉科娃 斯捷潘卡·塞卡尼诺娃 著 [捷] 玛格达莱娜·科内奇纳 绘 胡运彪 译

选题策划：小萌童书/瓜豆星球	经　销：全国新华书店	
责任编辑：李　虎	开　本：710mm×1000mm 1/8	
责任校对：徐艳硕	印　张：10	
美术编辑：张　帆 / 装帧设计：李慧妹	字　数：80千字	
出　版：河北科学技术出版社	版　次：2023年6月第1版	
地　址：石家庄市友谊北大街330号（邮编：050061）	印　次：2023年6月第1次印刷	
印　刷：北京尚唐印刷包装有限公司	定　价：138.00元（全二册）	